Eisbären

Fakten und Mythen

Eine wissenschaftliche Zusammenfassung für alle Altersgruppen

Susan J. Crockford

Übersetzt von Marie McMillan

Copyright © 2017 Susan J. Crockford

All rights reserved.

ISBN: 1976305748

ISBN-13: 978-1976305740

In der Wissenschaft ist wichtig *was* stimmt und nicht *wer* Recht hat.

INHALTSVERZEICHNIS: FAKTEN & MYTHEN

	Danksagungen	vi
1	Eisbären sind die größten fleischfressenden Tiere auf vier Beinen	1
2	Eisbären leben nur in der Arktis	3
3	Eisbären leben auf Meereseis nahe dem Nordpol	5
4	Meereseis bietet einen guten Lebensraum weil es sich nie ändert	7
5	Eisbären brauchen ganz dickes Eis zum Überleben	9
6	Eisbären leben zu allen Jahreszeiten auf dem Meereseis	11
7	Nur schwangere Eisbären verbringen den ganzen Winter in Schneehöhlen	13
8	Eisbären fressen Robbenbabys	15
9	Eisbären jagen auf dem Eis nach Robben	17
10	Eisbären müssen fett sein um warm zu bleiben	19
11	Der Sommer ist die wichtigste Jahreszeit zum Fressen für Eisbären	21
12	Eisbären sind immer auf der Suche nach Essen	23
13	Das arktische Meereseis ist am Schmelzen	25
14	Eisbären sind gute Schwimmer	27
15	Es gibt nicht mehr viele Eisbären auf der Welt	29
16	Eisbären werden bald ausgerottet sein weil das Eis schmilzt	31
17	Sibirische Tiger sind in größerer Gefahr als Eisbären	33
18	Es gibt keinen Grund sich um Eisbären Sorgen zu machen	35
	Über die Autorin	37
	Fotoreferenzen	38

Danksagung

Ein besonderes Dankeschön an Editor Hilary Ostrov, die die kleinen Details geprüft hat. Danke auch an Freunde und Kollegen die mit kritischem Feedback und Vorschlägen geholfen haben, allen voran Cairn Crockford, Kathy Inglis, Jennifer Marohasy, Christopher und Sheran Essex und die jungen Kritiker Moira, Ezri und Ainsley. Vor allem ein von Herzen kommendes Danke an Shar Levine für die Unterstützung und Aufmunterung.

1. Fakt oder Mythe? Eisbären sind die größten fleischfressenden Tiere auf vier Beinen.

Fakt!

Der Killerwal, auch Orca genannt, ist ein viel größerer Fleischfresser, hat aber keine Beine.

Die Vorderpfoten der größten Eisbären – von ausgwachsenen Männchen – sind so groß wie Teller. Große haarige Füße sind perfekt um auf Eis und Schnee zu laufen.

Braunbären sind am nächsten mit Eisbären verwandt, aber sie haben weniger Haare unten an ihren Füßen und längere Klauen. Grizzly-Bär ist nur ein anderes Wort für Braunbär – es ist das gleiche Tier.

Weibliche Eisbären sind nur ungefähr halb so groß wie Männchen.

Stünde ein großer Eisbär auf einem Fußballfeld, dann wäre er so groß wie das Tor (ungefähr 3 Meter hoch).

Der Kopf eines männlichen Eisbären ist so groß wie ein Autolenkrad. Seine Vorderbeine sind enorm im Vergleich zu den Armen von einem Mann.

Dieser große Bär hat eine Droge verabreicht bekommen die ihn einschlafen lässt damit er gewogen und gemessen werden kann – er ist nicht tot. Er wiegt 645 Kilogramm. Der größte Eisbär der je gemessen wurde wog 1000 Kilo und war 3.4 Meter groß.

2. Fakt oder Mythe? Eisbären leben nur in der Arktis.

Fakt!

Hier ist die Arktis, ganz oben auf der Weltkugel!

Es gibt keine Eisbären ganz unten auf der Weltkugel, in der Antarktis, wo es auch sehr kalt ist. In der Antarktis leben Pinguine.

Im Winter, wenn die Arktis ganz von Eis bedeckt ist, streckt die Fläche wo Eisbären leben von der einen Seite der Weltkugel bis auf die andere Seite.

Diese Karte zeigt die Arktis von oben. Der Nordpol ist der nördlichste Punkt auf der Erde – ganz oben auf der Weltkugel. Die drei Gebiete die gelb markiert sind haben zwar Eis im Winter, aber dort leben keine Eisbären.

3. Fakt oder Mythe? Eisbären leben auf dem Meereseis nahe des Nordpols.

Mythe!

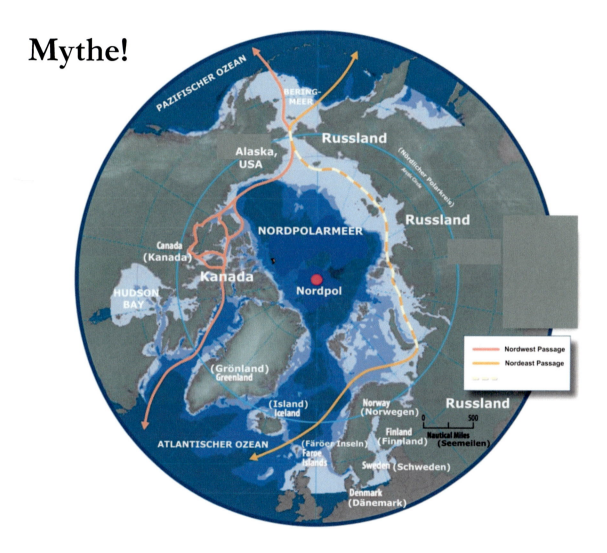

Eisbären leben auf dem Eis am Rande der Arktis, die meisten in den Gebieten, die hier auf der Karte in hellblau markiert sind.

Nur sehr wenige leben das ganze Jahr über nahe dem Nordpol, aber viele kommen im Sommer nur zeitweise zu Besuch.

Meereseis ist wie eine gefrorene Kruste auf dem Ozean, aber es ist nicht wie eine einzige große Schlittschuhbahn oder ein zugefrorener Teich.

An vielen Stellen bildet Meereseis eine sehr raue Oberfläche die aussieht wie schneebedeckte Felsen und Berge.

Wenn das Meereseis auf dem Ozean schwimmt und sich so hin und her bewegt, dann bricht es und überlappt, sodass große Eisblöcke mit scharfen, gezackten Kanten entstehen. Diese Eisblöcke gefrieren so, dass Berge und Klüfte entstehen.

Eisbären müssen viel Sport treiben wenn sie über das raue Eis klettern, das hilft ihnen stark zu sein.

4. Fakt oder Mythe? Das Meereseis bietet ein gutes Zuhause weil es sich nie ändert.

Mythe!

Die Arktis ist ein riesiges Gebiet, das im Winter und Frühling mit Eis bedeckt ist. Aber jedes Frühjahr und jeden Sommer schmilzt das Eis und die Fläche, die mit Eis bedeckt ist, wird kleiner. Das ganze Eis wird dünner im Sommer, aber es ist in manchen Gebieten so dick, dass es nie ganz wegschmilzt.

Dann, im Herbst, gefriert das Meer wieder mehr und die Eisfläche wächst. Jahr für Jahr ändert sich das Eis also mit den Jahreszeiten – und das hat es schon immer gemacht.

Gegen Ende des kalten Winters in der Arktis kann das neue Meereseis 2-3 Meter dick sein, aber altes Eis ist noch viel dicker (5 Meter).

Den Winter über, wenn es Tag für Tag sehr kalt ist, wird das neue Meereseis dicker und dicker. An manchen Stellen treibt es Richtung Süden.

Das Meereseis wird auch mit Schnee bedeckt, das bietet den Eisbären Schutz vor der Kälte und dem Wind. Manche Mütter kriegen ihre Babys in Höhlen im Schnee auf dem Meereseis.

5. Fakt oder Mythe? Eisbären brauchen ganz dickes Meereseis zum Überleben.

Mythe!

Eisbären können auf Eis gehen, das nur 10 Zentimeter dick ist. So dick ist das neu gefrorene Eis im Herbst.

Eisbären fangen im Herbst an zu jagen sobald das Eis stark genug ist um ihr Gewicht halten zu können ohne zu brechen.

Eisbären finden heraus ob das neu gefrorene oder gerade schmelzende Eis stark genug ist um ihr Gewicht zu halten, indem sie mit einem Fuß darauf treten.

Dieser Eisbär testet gerade neu gefrorenes Eis um zu sehen ob es schon dick genug ist, sodass er darauf gehen könnte ohne dass es bricht.

Er würde das gleiche im Sommer machen mit dünnem, schmelzendem Eis.

6. Fakt oder Mythe? Eisbären leben das ganze Jahr auf Meereseis.

Mythe!

Manche Bären verbringen wirklich ihr ganzes Leben auf dem Meereseis, aber im Sommer gehen viele Bären auf das Festland und warten darauf, dass das Eis im Herbst zurück kommt.

Also brauchen Eisbären Meereseis, aber sie nutzen auch das Festland.

Eisbären verbringen den Großteil des Sommers damit, sich auf dem Festland auszuruhen, wobei sie auch manchmal auf Entdeckungstour gehen.

Manche schwangere Weibchen bleiben den Winter über auf dem Festland, wo sie ihre Babys gebären.

Diese Mutter ruht sich mit ihrem Jungen (das schon größer ist) am Strand aus und wartet darauf, dass das Meereseis im Herbst wieder zunimmt.

Das Junge wird nicht mehr gestillt, aber die Mutter bringt ihm noch bei wie es jagen und überleben kann.

7. Fakt oder Mythe? Nur die schwangeren Eisbären verbringen den ganzen Winter in Höhlen im Schnee.

Fakt!

Im Spätherbst gräbt das schwangere Weibchen ihren Bau, eine Höhle in der sie das Junge gebärt. Ein Bär auf dem Festland gräbt ein Loch im Boden, welches später mit dickem Schnee bedeckt wird.

Aber ein Bär auf dem Meereseis gräbt ein Loch in die dicke Schneeschicht und dieses Loch wird dann mit noch mehr Schnee bedeckt. Alle anderen Bären – auch Mütter, deren Junge schon älter sind – suchen auch im Winter weiter nach Essen.

Eisbärmütter gebären in ihren Schneehöhlen ein oder zwei Junge (manchmal auch drei) mitten im Winter und sie bleiben dort bis der Frühling kommt.

Die Eisbärenmutter bringt ihre Jungen aus der Höhle wenn sie drei bis vier Monate alt sind.

Das einzige Essen, dass die kleinen Eisbären am Anfang bekommen, ist die Muttermilch.

8. Fakt oder Mythe? Eisbären fressen Robbenbabys.

Fakt!

Eisbären müssen viele Robbenbabys essen damit sie überleben können. Je fetter die Robbenbabys sind, desto lieber mögen die Eisbären sie.

Es gibt einige verschiedene Robbenarten in der Arktis, aber alle kriegen ihre Jungen auf dem Meereseis im Frühling. Das heißt, sie alle sind potenzielles Fressen für die Eisbären. Es ist traurig für die Robben, aber so ist das Leben in der Arktis. Wenn die Eisbären keine Robbenbabys zum Essen hätten, könnten sie selber nicht überleben.

Egal wie viele Robbenbabys die Eisbären essen, es bleibt immer noch eine sehr große Anzahl übrig.

Eisbären essen viele Robben, aber sie essen nicht alle weg.

Es gibt Millionen von Robben in der Arktis – viel mehr als alle Eisbären auf der Welt jemals essen könnten.

Das heißt, dass es immer viele Robben geben wird die nicht gegessen werden, sondern ein langes und glückliches Leben haben.

9. Fakt oder Mythe? Eisbären jagen Robben vom Eis aus.

Fakt!

Eisbären schleichen sich an Robben an die sich auf dem Eis ausruhen, oder sie fangen sie wenn die Robben neben dem Eis ihren Kopf aus dem Wasser stecken um zu atmen.

Junge Robben sind am leichtesten zu fangen weil sie sich nicht so schnell bewegen wie ältere und weil sie nicht immer vorsichtig sind und an Gefahren denken.

Die kleinen Eisbären lernen das Jagen indem sie ihre Mutter dabei beobachten.

Dieses ältere Eisbärkind im unteren Bild hilft seiner Mutter die Robbe zu essen, die sie gefangen hat.

Obwohl dieses Junge schon sehr groß ist, wird es wahrscheinlich nicht selber Robben fangen bis es seine Mutter verlässt um alleine auf dem Eis zu leben.

Das ist der Grund warum die jungen Bären für zwei bis drei Jahre bei ihrer Mutter bleiben.

10. Fakt oder Mythe? Eisbären müssen fett sein damit ihnen warm ist.

Mythe!

Eisbären müssen fett sein um in den Monaten zu überleben wenn es kein Essen gibt, was immer im Sommer *und* Winter der Fall ist.

Das dicke Fell hält sie warm, wie auch, sich ein Loch im Schnee zu graben.

Eisbären sind am Anfang des Sommers am dicksten, nicht mitten im Winter.

Die meisten Eisbären sind früh im Sommer am dicksten, so wie diese Mutter und ihre Jungen. Sie sind am dünnsten gegen Ende des Winters, wenn es noch sehr, sehr kalt ist.

Eisbären leben von ihrem Fett wenn es wenig oder nichts zu essen gibt.

Das nennt man fasten – und Eisbären können das richtig gut.

11. Fakt oder Mythe? Der Sommer ist die wichtigste Jahreszeit zum Essen für die Eisbären.

Mythe!

Der Frühling ist die wichtigste Jahreszeit zum Fressen.

Eisbären essen im Frühjahr viel mehr Robben als zu sonst irgendeiner Zeit.

Eisbären müssen hart arbeiten um am Anfang des Frühjahrs so viele junge Robben zu essen wie sie nur können bevor die Robbenbabys das Eis verlassen um ihr eigenes Essen zu finden.

Wenn die Robbenbabys das Eis verlassen (ungefähr Mitte Mai), dann können Eisbären sie nicht mehr fangen. Robbenbabys sind sicher vor den Eisbären solange sie sich vom Rand des Meereseises fernhalten.

Wenn die Robbenbabys weg sind, dann verbringen nur große Robben wie diese im Bild Zeit auf dem Eis und ruhen sich aus. Eisbären mögen zwar versuchen sie zu töten und zu essen aber meist sind diese Robben zu schnell und zu vorsichtig um gefangen zu werden.

12. Fakt oder Mythe? Eisbären sind immer auf der Suche nach Essen!

Fakt!

Im Frühling, nachdem sie viele Robbenbabys gegessen haben, sind diese fette Mutter und ihre Jungen an den Strand in Alaska gekommen um sich die Knochen eines großen Grönlandwals, der ein Jahr zuvor gestorben ist, anzusehen.

Sie wollen sehen ob an den Knochen noch etwas Essbares ist.

Eisbären sind sehr neugierig und sehen sich alles an, was vielleicht essbar sein könnte.

Eisbären erforschen manchmal Orte an denen Menschen leben um zu sehen ob es dort etwas zum Essen gibt. Das kann zu jeder Jahreszeit geschehen.

Eisbären die an Land nach Futter suchen sind oft gar nicht richtig hungrig, sondern wollen nur sehen was es so gibt. Aber manchmal sind sie ganz dünn und hungrig was sie sehr gefährlich macht.

Wenn sie sie fangen können, dann fressen Eisbären Menschen (und auch Hunde).

13. Fakt oder Mythe? Das arktische Eis ist am Schmelzen.

Fakt!

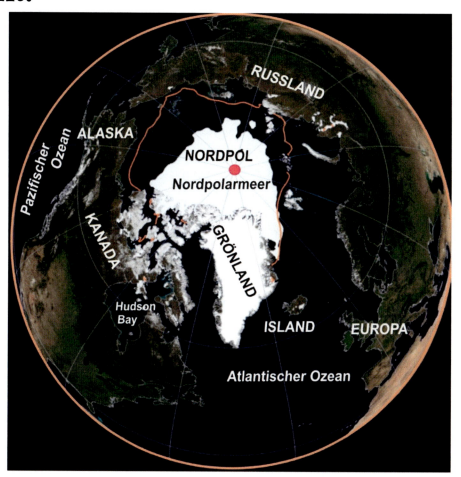

Heute gibt es viel weniger Eis *im Sommer* als vor 50 Jahren. Diese Karte zeigt wieviel Eis es in den letzten Jahren am Ende des Sommers jeweils gab – das Eis bedeckt nur einen Teil des arktischen Ozeans und nicht den größten Teil des Ozeans wie es das vor Jahren getan hat (vergleiche dies mit der Karte auf Seite 8).

Wenn Leute sagen, dass das Eis schmilzt, dann meinen sie wirklich, dass es weniger Eis *im Sommer* gibt als früher und dass das Eis *im Sommer* mehr Risse und Wasser dazwischen zeigt.

Es gibt auch ein bisschen weniger Eis im Herbst und im Winter als in den letzten 50 Jahren, aber nicht so viel weniger, dass es den Eisbären schaden würde. Die Menge an Meereseis hat sich immer von Jahr zu Jahr geändert, aber auch über größere Zeiträume hinweg, also über die Jahrhunderte (100 Jahre) und Jahrtausende (1000 Jahre).

Ein paar mehr Risse und Pfützen scheinen den Eisbären nichts auszumachen.

14. Fakt oder Mythe? Eisbären sind gute Schwimmer.

Fakt!

Eisbären sind hervorragende Schwimmer – sie können sehr, sehr lange schwimmen ohne auszuruhen. Dass sie so fett sind, hilft ihnen im Wasser oben zu bleiben und auch durch ihre starken Vorderbeine und großen Füße sind sie sehr schnelle Schwimmer.

Auch Eisbärenkinder sind gute Schwimmer, außer, wenn sie noch ganz klein sind.

Ganz kleine Eisbärenbabys sind nicht immer stark genug um lange zu schwimmen.

Wenn eine Mutter und ihr Baby eine große Wasserfläche überqueren müssen, klettert das Junge auf die Mutter und sitzt auf ihrem Rücken oder ihren Schultern während sie schwimmt.

15. Fakt oder Mythe? Es sind nicht mehr viele Eisbären übrig in der Welt.

Mythe!

Es gibt jetzt viel mehr Eisbären auf der Welt als vor 50 Jahren als so viele gejagt wurden, dass die Leute sich zu Recht Sorge um das Überleben dieser Spezies machen mussten.

Aber neue Gesetze haben die Eisbären vor dem Überjagen geschützt und bei der letzen Zählung (im Jahr 2015) gab es 31.000 Eisbären.

Dass heute bis zu 31,000 Eisbären in der Arktis leben, heißt, dass sie nicht vor dem Aussterben bedroht sind.

Wie sehen 31,000 aus?

Ein ein-Euro-Schein ist Geld, aber es ist auch ein dünnes Stück Papier und jeder Euroschein ist gleich dick.

Wenn man einen ein-Euro-Schein für jeden Eisbär hätte und alle 31.000 Scheine aufeinander stapeln würde, dann wäre der Turm 337cm hoch – also mehr als 3 Meter.

Das wäre ein großer Papierstapel, größer als wenn der größte Eisbär der je vermessen wurde auf seinen Hinterbeinen stehen würde – und größer als ein Fußballtor.

Bis zu 31.000 Eisbären ist eine große, gesunde Population.

16. Fakt oder Mythe? Eisbären werden in der Zukunft ausgerottet sein weil das Eis schmilzt.

Mythe!

Vor ein paar Jahren haben viele Wissenschaftler gedacht, dass viel weniger Meereseis als vor 50 Jahren im Sommer dazu führen würde, das Tausende von Eisbären sterben. Aber Eisbären hatten nun weniger Eis im Sommer für über 10 Jahre – und es sind nicht Tausende gestorben. Stattdessen geht es den Eisbären richtig gut, sie werden fett im Frühjahr und haben fette, gesunde Babys.

Viele Wissenschaftler sagen immer noch dass Tausende Bären sterben werden wenn es in Zukunft *noch weniger* Eis im Sommer gibt als jetzt. Aber wenn so viel weniger Eis bis jetzt nicht Tausende Eisbären umgebracht hat, dann ist es auch unwahrscheinlich dass das bei noch weniger Eis passieren wird.

Wissenschaftler dachten, dass das Eis im Sommer sehr wichtig für Eisbären wäre, aber da lagen sie falsch – was heißt, dass die Ausrottung in der Zukunft unwahrscheinlich ist.

Bis jetzt sind die Eisbären viel besser mit weniger Eis im Sommer umgegangen als die Wissenschaftler erwartet hatten. In manchen Gebieten ist die Anzahl an Eisbären gestiegen.

Falls das Eis in Zukunft **am Anfang des Frühjahres** viel weniger würde, dann könnten die Eisbären Probleme kriegen genug Robben zum Fressen zu finden. Aber es gibt keine Anzeichen dafür, dass das Eis am Anfang des Frühjahres verschwindet – die meisten Eisbären haben noch viel Eis um ein langes, gesundes Leben zu leben.

17. Fakt oder Mythe? Sibirische Tiger sind in größerer Gefahr als Eisbären.

Fakt!

Der Sibirische Tiger ist nun vom Aussterben bedroht – 2015 wurden nur 480-540 gezählt. Das heißt, dass es für jeden Sibirischen Tiger auf der Welt ungefähr 57 Polarbären gibt.

Eisbären sind nicht so selten wie Sibirische Tiger und sie brauchen nicht die gleiche Hilfe um sicher zu stellen, dass es sie auch in Zukunft noch geben wird.

540 Sibirische Tiger sind wirklich nicht viele – stapelt man einen ein-Euro-Schein für jeden Sibirischen Tiger in der Welt kriegt man nur einen sehr kleinen 5 Zentimeter hohen Turm.

Da es nur noch so wenige Tiger in Sibirien gibt (das ist im Norden von Russland) kann es gut sein, dass diese Raubkatzen nicht vor dem Aussterben gerettet werden können, selbst mit Hilfe. Einige Zoos haben Tigerfamilien für den Fall, dass die in der Wildnis lebenden Sibirischen Tiger *wirklich* aussterben.

Eisbärfamilien müssen nicht in Zoos aufgezogen um sicherzustellen, dass es sie auch in Zukunft geben wird, weil es noch so viele in der Wildnis gibt.

18. Fakt oder Mythe: Es gibt keinen Grund sich um die Eisbären Sorgen zu machen.

Fakt!

Es ist ok gerne über Eisbären zu lernen und zu wissen, dass die Eisbär-Wissenschaftler fälschlicherweise dachten, dass sie verschwinden würden. Und es ist ok sich keine Sorgen um die Zukunft der Eisbären zu machen, denn die Bären haben uns gezeigt, dass sie gut alleine klar kommen, auch wenn das Meereseis sich ändert.

Es wird immer gute und schlechte Jahre für Eisbären geben, aber den meisten geht es gut.

Es gibt keine Beweise dafür, dass das Leben für Eisbären jetzt gerade schwerer ist als in der Vergangenheit. In Wahrheit gibt es Zeiten, wenn das Leben in der Arktis für manche Bären hart ist.

Aber die Spezies, die wir Eisbären oder Polarbären nennen (*Ursus maritimus*) hat in der Vergangenheit schon Zeiten überlebt, wenn es viel mehr Eis gab als heute – wie zum Beispiel in der letzten Eiszeit – und auch wenn es viel weniger Eis als heute gab.

Eisbären haben alle diese Eisschwankungen in der Vergangenheit überlebt, also gibt es keinen Grund zu glauben, dass sie das nicht auch in Zukunft können.

Über die Autorin

Susan Crockford hat einen Doktor in Zoologie und studiert seit über 20 Jahren die Ökologie und Evolution von Eisbären. Sie hat viele wissenschaftliche Arbeiten über verschiedene Tiere (inklusive Polarbären) verfasst, und schreibt seit 2012 einen Blog über Polarbären. Sie interessiert sich für die Erforschung von aktuellen und historischen Aspekten der Biologie und Ökologie.

Dr. Crockford hat auch ein kurzes, mit Referenzen versehenes wissenschaftliches Buch für Erwachsene über Polarbären geschrieben (*Polar Bears: Outstanding Survivors of Climate Change*). Es ist voll mit nützlichen Farbbildern und interessanten Fakten.

Sie ist auch die Autorin einer auf der Wissenschaft basierenden Novelle, *EATEN* (*Gefressen: Eisbären greifen an*), dass sich an Erwachsene und Teenager richtet.

Website: www.susancrockford.com

Blog: www.polarbearscience.com

Fotoreferenzen

Einband, Shutterstock, purchased license.
Frontispiz, Shutterstock, purchased license.
Widmungsseite, Mike Lockhart, USGS, 2005.
Danksagung, Shutterstock, purchased license.
S 1, Budd Christman, US NOAA, 1982.
S 2, Budd Christman, US NOAA, 1982.
S 3, Copyright free graphic and Wikipedia Creative Commons license.
S 4, US National Snow & Ice Data Service, labels added.
S 5, Wikipedia Creative Commons license, labels added.
S 6, Eric Regehr, US Fish & Wildlife Service, 2005.
S 7, Jessica Robertson, US Geological Survey, 2009.
S 8, Steve Amstrup, US Geological Survey, 2001.
S 9, Patrick Kelly, US Coast Guard, 2009.
S 10, Mario Hoppmann, US NASA, European Geosciences Union.
S 11, Shutterstock, purchased license.
S 12, Steve Hillebrand, US Fish & Wildlife Service.
S 13, US Fish & Wildlife Service.
S 14, Shutterstock, purchased license.
S 15, Brendan Kelly, US NOAA.
S 16, Shutterstock, purchased license.
S 17, Suzanne Miller, US Fish & Wildlife Service, 2008.
S 18, Shutterstock, purchased license.
S 19, US Fish & Wildlife Service, Barrow.
S 20, Suzanne Miller, US Fish & Wildlife Service.
S 21, Wikipedia Creative Commons license.
S 22, Wikipedia Creative Commons license.
S 23, US Geological Survey, 2016.
S 24, US Fish & Wildlife Service.
S 25, US National Snow & Ice Data Service, labels added.
S 26, US Geological Survey.
S 27, Brian Battaile, US Geological Survey, 2014.
S 28, Shutterstock, purchased license.
S 29, Brian Battaile, US Geological Survey, 2014.
S 30, Wikipedia Creative Commons license.
S 31, Gary Kramer, US Fish & Wildlife Service, 2006.
S 32, Shutterstock, purchased license.
S 33, Wikipedia Creative Commons license.
S 34, Wikipedia Creative Commons license.
S 35, GoGraphs, purchased license.
S 36, Mike Dunn, US NOAA/US Dept. Agriculture.
S 37, Jesse McMillan, commissioned photo.

Made in the USA
Middletown, DE
20 September 2019